浙江省重点科普项目

看图识天气

路桥区科学技术协会 编

中国农业科学技术出版社

图书在版编目(CIP)数据

看图识天气/路桥区科学技术协会编.—北京:中国
农业科学技术出版社,2013.8 (2019.6重印)
ISBN 978-7-5116-1362-2

Ⅰ.①看… Ⅱ.①路… Ⅲ.①天气学-普及读物
Ⅳ.①P44-49

中国版本图书馆CIP数据核字(2013)第200856号

责任编辑　闫庆健　　李冠桥　责任校对　贾晓红

出 版 者　中国农业科学技术出版社
　　　　　北京市中关村南大街12号　邮编:100081
网　　址　http://www.castp.cn
经 销 者　各地新华书店
印 刷 者　三河市腾飞印务有限公司
开　　本　787毫米×1092毫米　　1/32
印　　张　5.5
字　　数　84千字
版　　次　2013年8月第1版　　2019年6月第3次印刷
定　　价　20.00元

《看图识天气》编辑委员会

主　任　方　德

副主任　杜仲法　郑镇坤　卢　斌

编　委　(按姓氏笔画排序)

　　　　　方　德　卢　斌　杜仲法　陈志兵

　　　　　郑镇坤

编　撰　林志尧　林义钱

审　稿　周剑能

绘　图　杨炳麟

序

　　随着社会经济的不断发展，气象与人们的生活关系越来越密切，人们对气象的关注度也越来越高，"杞人忧天"在今天已经有了不寻常的现实意义。我国气象灾害发生频繁，对人类正常的生产、生活影响较大，人们已经充分认识到气象信息资源对经济社会发展的重要性。

　　气象是指发生在天空中的风、云、雨、雪、霜、露、虹、晕、闪电、打雷等一切大气的物理现象。所有现象在发生之前都会表现出相应的前兆。我们的祖先，在长期的社会实践中，总结出了丰富的根据物象、天象预测天气的经验，三国时期，诸葛亮火烧赤壁，就是观察到东南风发生的前兆，充分利用了气象的变化，获得了大破曹操的战略胜利。

　　人类社会已经跨入 21 世纪，气象事业也面临着新的挑战和机遇。一方面由于生产领域不断扩大和生活质量日趋提高，气象科技作为自然科学领域的前沿学科之一，人们对气象服务提出了新的更高的要求；另一方面，随着城镇化建设及经济、社会事业的快速发展，气象部门承担社会防灾减灾的责任显得越来越重大，普及气象科普知识，提高全社会应用气象信息能力也越来越重要。

科学普及的关键是宣传。农民气象专家林志尧在长期工作实践中整理的气象谚语图片编撰成《看图识天气》一书，把日常生活中发生的与气象有关的现象，以图片与文字结合的方式进行描述，文字通俗易懂，内容深入浅出，既是一本观察气象的基础性著作，也是对传统民间气象谚语很好的总结。此书的发行和推广，既可为基层气象工作者提供有力的参考借鉴，又可为广大气象爱好者进行实践应用，对普及气象知识必将起到积极的推动作用。

现值《看图识天气》一书出版发行之际，有感而发，特作此序。

台州市气象局局长 葛小清

2013年7月

前　言

　　自古以来，我们的先人就根据世间万物的变化，来判断天气的未来，并在长期的生产实践中产生了可被称为中华历史文化遗产的"气象谚语"，并不断补充完善，相传至今。随着人们生活水平的不断提高，与人们生活、工作密切相关的气象已成为千家万户寻常百姓的第一需求。

　　"气象谚语"是千百年来人民智慧的结晶，为弘扬中华文化，普及气象知识，努力提高广大人民群众的科学素质，促进气象事业的健康发展，我们经过较系统的收集和整理，将气象图片和相关资料编撰成书，供广大读者，特别是青少年读者参阅。全书共分为物象类、天象类、节候类、对应胜负类、关键日类、甲子类六大部分。所介绍的气象图片均根据相应的气象谚语分别制作而成，每一类都在图片下方配上了文字说明，图片描述和文字说明相结合，更有利于读者直观了解。

　　限于时间和水平，不妥之处在所难免，敬请广大读者指正。

目录

一、物象类

看图识天气

烟勿出屋，滴滴笃笃。

炊烟直上无雨落，炊烟横延要落雨。

炊烟顺地跑，天气不会好。

屋里冒烟，大雨在前。

灶灰湿成块，定有大雨来。

早宿鸡，必天晴；晚宿鸡，必有雨。

鸡迟进笼，必有雨送。

公鸡高处啼，定是好天气。

鸡鸭不肯进屋，落雨滴沥笃落。

鸡晒膀，天将雨。

鸭子下水"呱呱呱"叫，预示未来大风到。

鸭子潜水快，天气将变坏。

鸭子上栏早，雨天将来到。

鸭子不肯上岸，冷空气必定来。

猫钻灶，寒潮到。猫儿卧屋背，檐前挂雨帘。

猫洗脸，天将晴。猫儿吃青草，天气是晴好。

猪衔草，寒潮到。

猪在栏内不活动，天气转冷有大风。

猪猫换毛早，冬季冷得早。

蜗牛脱壳有大风，蜗牛出壳在雨前。

蜗牛是一种低级动物，盘居于壳内，生活于阴湿。每当下大雨之前，它总是要出来游荡。特别在水缸沿或者石柱脚边表现最多。当气压低、湿度大得过分时甚至要脱壳爬行。

小狗吃青草，天气会晴好。

小狗吃水天气好。

狗刨塘，雨发狂。

狗洗澡，雨要到。

家鼠活动早，阴雨要来到。

田鼠窝内藏粮，兆阴雨。

油鼠朝家逃，大雨将来到。

青蛙集中叫，大雨倾盆到。

青蛙跳水叫声高，风雨天气快来到。

青蛙叫在惊蛰前，燥田变成烂糊田。

九月青蛙叫，十月犁头翘。

癞蛤蟆叫三通，出门不用问公公。

燕子起飞蛤蟆叫，阴雨就来到。

喜鹊高窠，风少雨多。

喜鹊低窠，风多雨稀。

喜鹊朝叫报喜晴，喜鹊乱叫要阴雨。

喜鹊反复洗澡兆阴雨，单次洗澡要刮风。

喜鹊藏食连阴雨。

鹁鸪拼命叫，雨儿滴滴打树梢。

鹁鸪早求晴，晚求雨。

久雨闻鸟声，天气快转晴。

落雨鹁鸪叫，天气转晴好。

海燕上涂有灾涝。

群雁南飞天将冷，群雁北飞天转暖。

雁飞高，天气好；雁飞低，要下雨。

燕子不来春不来，太阳不照花不鲜。

小燕来，好种田。

燕窠拖草，多风雨。

燕雀高飞晴天告，燕雀低飞风雨报。

燕子低飞水满溪。

燕子低飞，天将阴雨。

燕子以昆虫为食，在天气将下雨的时候，空气里的水汽多，气压低，一些小虫子飞不高，只能在近地面处飞来飞去，同时，一些伏在土壤中的昆虫也纷纷爬出土外透透空气，正是燕子捕捉的好机会。

麻雀"吱喊、吱喊"叫，天气好。

麻雀缩头窝内吱吱叫，将有阴雨到。

麻雀囤食要下雨。

麻雀洗澡天气好，麻雀滚沙要落雨。

蛇过道，大雨到。

大蛇出洞，大雨大风。

河蚌开口暖洋洋，河蚌闭口天要冷。

河蚌开口天晴好，河蚌闭口寒潮到。

螃蟹多出洞，不雨就是风。

蟹窝往高移，明天要阴雨。

螃蟹出洞爬得高，阴雨天气快来到。

湖虾草堆放籽多，未来有旱情。

湖虾跳水兆阴雨。

长蟓（江南河塘里的一种小鱼）跳水兆天晴。

鲤鱼咬籽兆阴雨。

泥鳅乱窜、蚂蟥上爬、黄鳝头出水，必定有大雨。

当天气变化之前，往往由于气压下降，气温增高，溶解在水中的氧气减少了，它们在水中呼吸不能满足需要，因此乱窜乱跳，头伸出水面或者上爬来呼吸活动。

鳖头探水面，必有大雷雨。

鳖放蛋，兆旱涝。

甲鱼生活在河湖池塘中，生蛋要爬岸，当碰到高温闷热天气，它要爬上河滩或菱头上，昂头晒太阳，它生蛋要避水保暖，生后用泥沙杂草浅盖，故此看到甲鱼蛋窝高低可知旱涝。

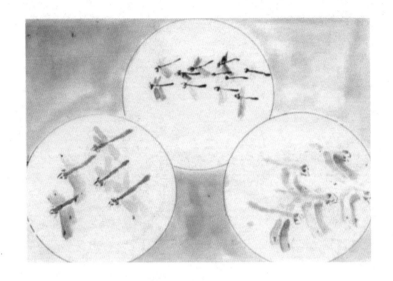

蜻蜓堆打堆，落雨时刻已不远。

蜻蜓飞得低，出门带雨衣。

黑色蜻蜓成群飞，阴雨将来临。

红色蜻蜓成群飞，炎热在大暑。

黄色蜻蜓在点水，连续有阴雨。

蚂蟥爬水面，风雨即刻现。

泥鳅跳水田，风雨在眼前。

泥鳅跳水面，大雨即刻来。

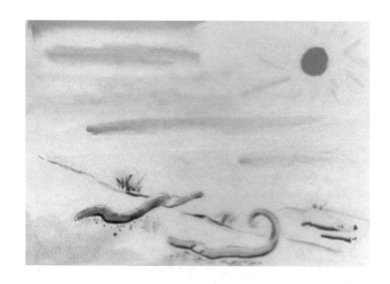

泥鳅滚沙看分晓，上午滚晴下午滚落。

蚯蚓路上爬，出门要赤脚。

蜘蛛织网，天气晴朗。

蜘蛛飞丝必有雨。

蜘蛛把网钩，雨前或雨后。

蜘蛛织网，久雨必晴。

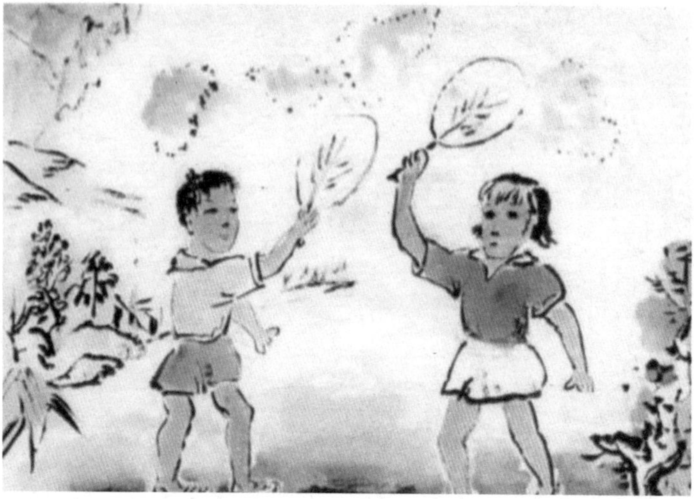

蚊子拉磨忙，不雨也风狂。

蚊子聚堂中，晴天空蓑蓬。

傍晚蚊子凶，明天雨蒙蒙。

蜜蜂迟归，雨来风吹。

蜂不采蜜怕下雨。

蜜蜂出窝天放晴。

蚂蚁爬树高，地上白淘淘。

蚂蚁搬高窠，大水淹高路。

蚂蚁沿阵做大水。

蚂蚁成群，明天勿晴；

蚂蚁迁居，天必有雨。

蚂蚁上田塍，风雨即来临。

蚂蚁搬窠蛇过道，大风大雨就来到。

蚂蚁筑坝勤，雷雨猛来临。

傍晚黄蝇咬人凶，明天必有雷雨送。

粪虫爬坑沿，雷雨即刻来。

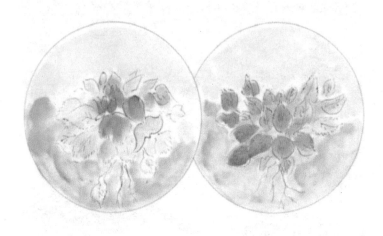

菱头下沉，兆阴雨。

瓜头向上伸兆天晴，向下伸有大雨。

早晨草上无露水，不是起风便是雨。

植物中午不收露，明日定有雨或雾。

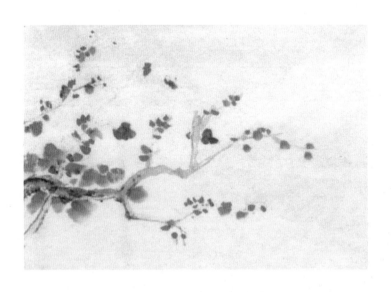

桃花开粉红，后期梅雨多。

桃花开紫红，后期少梅雨。

发尽桃花水，必是旱黄梅。

雨后屋檐还滴水，隔日又要下大雨。

水缸穿裙，大雨来临。

水缸湿，盐发潮，大雨不久就来到。

盐罐反潮，大雨难逃。

水泥地出汗要下雨。

阴沟浮黑苔，明日雨就来。

塘里打水花，天气要变化。

水泡发黑有大雨。

发泡发白要转晴。

水泡发黄，暂时无雨转晴又要雨。

灯花鲜红兆晴天。

日暖夜寒，井底要干。

天气阴不阴，摸摸老烟筋。

伤疤酸胀痛，明日有雨送。

二、天象类

看图识天气

朝起红霞，晚落雨。晚起朝霞，晒死鱼。

太阳早白、晚黑起暴风。

太阳下山黑色红无雨，必有风。

日光早出晴不久，反照黄光明日风狂。

东南卯没云，雨下己时临。云从南山暗，风雨辰时见。

日出卯时云，无雨天也阴。云布满山低，今晚雨乱飞。

日云不过东，夜云但愁过西。红云日出来，劝君莫出远。

若要晴，看山青。山明水秀天气晴。

落山漏明，明天会晴。

太阳下山前，在云层中，当离地平线前露出红光，说明低压系统已经移走，天气将转晴。

太阳吹横箫，有雨等明朝。

有南箫易雨，北箫晴，双箫急雨淋。

久晴天射线，不久有雨见。

当五条射线东西贯通到底，不久就要下雨（这是水葱）。

在傍晚，有时可看到太阳从云层背后向天空放射出东西向的光线，有三五条断在半空，就要久旱。

日落射脚，三天内有雨。

大气中发生强烈的对流，空气上升运动旺盛的地区，云块发展很厚。空气下沉的地区，云块就薄或无云，于是造成了云的空隙，太阳光就从云层的空隙地方射下来，说明本地热对流强或高空有低压槽移来影响本地。

日落乌云接，风雨不可说。

日落西山红，无雨必有风。

日落暗黄，明日大风狂。

乌云接落日，勿落今日落明日。

落山乌云洞，明天有雨送。

日落乌云洞，明朝晒得背皮痛。

日落云连天，必有大雨来。

太阳下山，黑色红，无雨必有风。

太阳早白，晚黑要起狂风。

日光早出晴不久，反照黄光大雨发狂。

鱼鳞天，不雨也风颠。

云往东，起阵风。云往南，穿雨衣。

云往西，水漫潭。云往北，好晒谷。

早看东南，晚看西北。

早上天空百分之七十都被云遮，只有东南方百分之三十无云，这种天气情况近期不会下雨，反之即刻有雨。

东南海上架起猪头云，台风要来临。

夏秋季吹东北风，注意大台风。

六月东风大恶蛇。

三日大东北，大水淹淹屋。

钩钩云，雨淋淋。

天上鱼鳞斑，不雨也风翻。

西涨南涨，南晒鱼鲞。

南云涨又涨，有雨等天亮。

白云开花，必下雷雨。

白云现黑心，必有大雨淋。

乌云块块送，大雨来得急。

黑云带红边，冰雹闹翻天。

母猪云过银河，三日之内雨愁愁。

天上豆荚云，地下晒死人。

这种云，常于下午至傍晚在天边出现几片。它是在局部上升气流和下沉气流的汇合处形成的并孤立地存在，表明大气没有剧烈的波动，天气稳定。

馒头云在天边，晴天无雨日又煎。

这种云，也称淡积云，一般由小水滴组成，往往分散、孤立，是由不强烈的对流形成的。如果这样，云在天边没有发展成大块的云，表明当地热力对流不强，天气比较稳定。

早上城堡云，大雨快来临。

云交云，雨淋淋。

当处于冷热空气对流交汇最旺盛时，冷空气在上层向南推进，暖热气流拼命向北发展，往往出现"南风转北，来势凶恶"。

下山满布铜黄云，三天之内雹来临。

云从东南涨，下雨不过响。

高云变低云，明日雨淋淋。

低云变高云，天气会转晴。

黄昏起云半夜开，半夜起云雨就来。

白云堆成山，下雨不过晚。

西方乌云堆成墙，瞬时北风吹得猛。

云罩满山底，连宵乱飞雨。

早看天顶穿，夜怕四角悬。

清早起海云，风云霎时辰。

清早东方宝塔云，下午雨倾盆。

东方架起炮台云，不过三天台风临。

日出东方猪头云，近日台风要来临。

早晨浮云走，中午晒死狗。

早晨棉花云，下午雷雨声。

早晨乌云盖，无雨风也来。

红云日出来，劝君莫走远。

太阳红得早，乌云遮住有雨到。

日出东城云，下午雨阵阵。

日出如火烧，明天无雨温度高。

日出云里走，雨在半夜后。

雨前生毛，无大雨。雨后生毛，难得晴。

日晕三更雨，月晕午时风。

月亮撑红伞，有大雨。

月亮穿外衣，不是刮风就是雨。

月亮撑黄伞，有小雨。

月亮发毛要落雨。

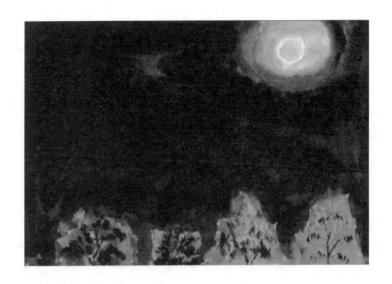

月亮撑蓝伞，多风云。

月亮撑黑伞，大晴天。

朗朗星，天气晴。

久雨现星光，来日雨更狂。

灿烂星光，大雨发狂。

北斗星眨动，必有大台风。

星密不闪明天晴。

夏夜星密，来日大热。

明星照烂地，落雨落勿及。

明星闪闪动，明日雨蒙蒙。

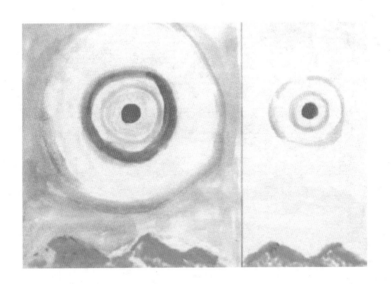

大晕三日里，小晕在眼前。

日晕风，月晕雨。

日晕雨，夜晕风。

日光生毛，大水滔滔。

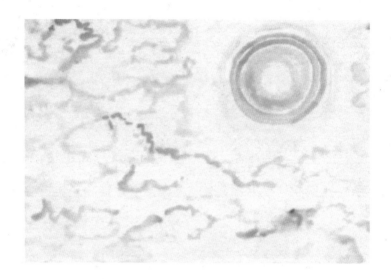

大华晴，小华雨。

日光如灯，落雨成精。

日边红绸布，天亮水后路。

日月披蓑衣，不雨便风起。

虹低太阳高，溪里无水挑。

虹高太阳低，大路变成溪。

虹低太阳高，晒死湖边稻。

虹高太阳低，早晚披雨衣。

秋虹挂海口，行人路难走。

海上挂短虹，必有大台风。

十二月挂虹似道墙，六月挂虹起祸殃。

龙卷风

一般是在晴天，地面受很强的阳光照射，受热很不均匀的情况下造成的。充满着浓密黑云，像漏斗一样的龙卷风从天上挂下来。

西南刹风雨。

台风过后不刹风，下暑还有大台风。

旱雷不过午，夜来三日雨。

雷轰天顶无大雨。雷轰天边大雨连天。

独雷天要干，三雷七姐妹（连下七天雨）。

未过惊蛰响雷鸣，一日落雨一日晴，

要晴等清明。

雷声轻短雨快晴，雷声拖长大雨淋。

雷雨连三朝，一日更比一日早。

雷雨落过江，高山白朗朗。

春雷三日雨，春雷十日阴，春雷独怕西南阵。

旱雷不过午，午雷两头空。

夜来三日雨，先雨后雷雨滴大。

水底雷雨大，燥天雷无雨。

十月打大雷，被絮柜里堆。

正月响雷阴雨多，雨中响雷雨不休。

夏雷打死带浪娘。秋雷朴朴，大小没屋。

秋雷连打，有二必有三。立秋响雷公，秋后无台风。

冬打雷，春要早。

十二月先响雷后落雪，正月多雨雪；

先落雪后响雷，雷赶正月雪。

雷少带浪（长脚雨、太阳雨）多，雷多带浪少。

斗风雷雨顺风带。雷打五更头，日间好日头。

田间飞丝露大白，三天必有冷雨下。

飞丝是一种微生物，一般肉眼观测不到，当空气温度增大，水汽蒸发时，雾凝丝绒，稻田成片露白。

春天大雾勿过三，三天之内雨潺潺。

弥雾毒日，背脊晒裂。

白雾弥漫似堵墙，三天之内要翻冷。

冬天五彩"东京城"，近日冻得抖摇铃。

三夜霜，暖如汤。严霜生毒日。

霜前冷，霜后暖。霜后冬风一天晴。

早介阴霜晚介开，晚介不开雨就来。

春后露白霜，雷雨要提早。

冬霜百廿天，春霜六十天。

刺霜落雨粉霜晴。

冬天断头霜，明天雨就到。

雪等雪，落勿歇；雪夹雪，落勿歇。

雪落高山顶，天气要转晴。

雪里日头，晒破石头。

未落霜，先落雪，百廿天勿用开田缺。

未落雨，先落雪，百廿天勿用开田缺。

正月雷赶雪，二月落勿歇；三月绕天走，四月拔秧节。

地作热，天作雪。

贼雪过后雪连雪。

落贼雪，落勿歇；贼雪落后还有六次雪。

春雪晒雪焦，有米无柴烧。

冬雪要藏，春雪要搡。

冬雪是被，春雪是鬼。

冬雪是宝，春雪是草。

冬雪对麦是棉被，春雪对麦似利刀。

冬天刮西北，大雪盖满屋。

冬天打西北，雪花白蓬蓬。

冬天东南风，雪花白茫茫。

十二月南风是暴娘，正月大雪白洋洋。

十二月南风，正月雪。

南风打过更，明日雨伞撑。

早晨地罩雾，尽管洗衣裤。

三日雾蒙蒙，必定起北风。

久晴大雾雨，久雨大雾晴。

上午阵雨云，下午晒死人。
南阵好晒谷，北阵水淹屋。

雨打黄昏戌，明朝日头出。

下雨怕天亮，病人怕鼓胀。

下午南云涨，有雨等天亮。

南风转北，来势凶恶。

坪坪上（上山），高田白叮当。

坪坪落（下山），低田晒起壳。

浪矶山鼓帽，水洋人镶灶要捞。

有雨山戴帽，无雨云拦腰。

冬天东南风，雪花白茫茫。

冬天刮西北，大雪盖满屋。

冬天打北风，雪花白蓬蓬。

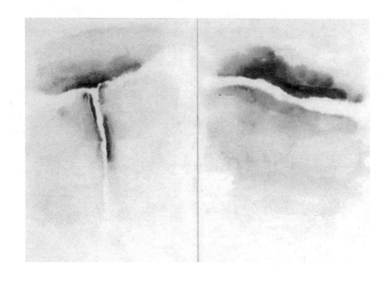

横雷大雨，直雷电。

西南闪电热炎炎，西北闪电有雨天。

东闪西闪无雨点，南闪北闪大雨点。

南闪半年，北闪眼前。

南闪大门开，北闪雷雨现。

南闪大门开，北闪有雨来。

东闪西闪，晒死泥鳅黄鳝。

先有闪，后有雷，大雨后面来。

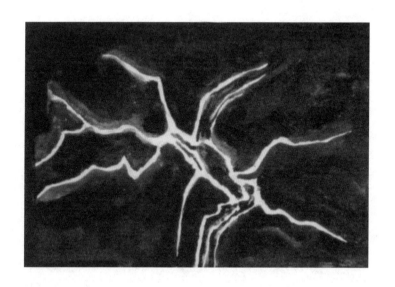

东南闪一闪，大水淹板壁。

利洋(地名)蔑索龙，一闪就多风，

二闪雨祖公，三闪犯重公。

山头戴帽，海底晒烤。

海雾上洋，冻死老娘。

上午雾荡荡，下午晒死老和尚。

入土雾：雨。

拦腰雾：晴。

雾荡荡，满天星，勿冷勿暖衔霜冰。

春雾雨，夏雾热。

秋雾凉风，冬雾雪。

久晴大雾雨，久雨大雾晴。

五月雾露，雨在半路。

早雾晴，晚雾阴。

春南风，雨蒙蒙。

春天南风，夜来雨。

秋天吹西北，晒死山毛竹。

秋南夏北，大雨必落。

秋后南风当时晴，秋后北风田水缺。

秋南风，几日晴；冬南风，冷冻冻。

夏南风，井底空。

夏天东北大恶蛇，不打西瓜也打茄。

夏前西南落，夏后西南晴。

夏南秋北，无水磨墨。

春东风，雨祖宗。

春天冷东风，三日不见好天空。

春南风，雨淙淙。

春天西北风，天气日日红。

处暑发雾，晴到白露。

冬雾要恶化，对月雨雪下。

冬至发雾，稻谷担箩。

冬天三日雾，春天三日雪。

冬雾吹进关，冷空气往南。

雾拔黄岩城，雨伞勿用寻。

雾拔温州，雨伞勿用收。

三、节候类

看图识天气

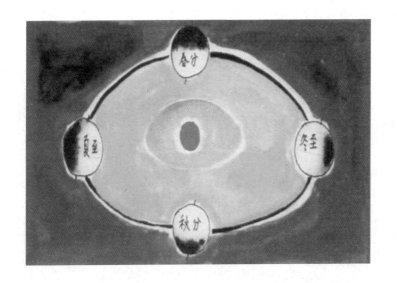

廿四节气《春季》

立春晴，雨水匀。

立春东北风，水多；西北要干旱。

雨水日落雨，雨水足，雨季早。

惊蛰响雷气温高，上春多雷雨。

清明要明，谷雨要淋。

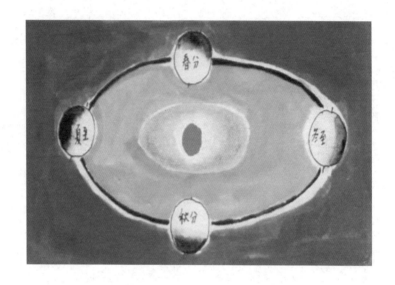

廿四节气《夏季》

立夏东风出三霉，立夏南风多晴天。

小满日不霉，芒种不管，夏至要大旱。

夏至日打西南，高山变龙潭。

夏至双日双时辰，夏至雷；单日单时辰，夏至雨；

双日单时辰，晴雨相间九天。

小暑一声雷，接连做黄霉。

大暑日发大浪，风雨多。

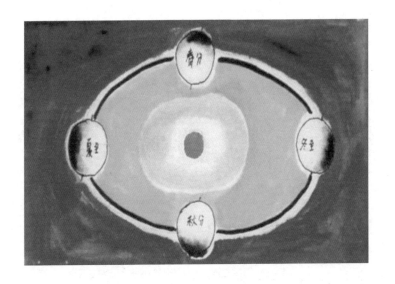

廿四节气《秋季》

雨打立秋头，旱情百廿天。雨打秋尾，烂稻秆。

立秋响雷公，秋后无台风。秋雷渤渤，大水淹屋。

秋前响雷压台风，秋后响雷引台风。

处暑发雾，晴到白露。处暑晴，冬天霜雪早来临。

白露无雨，长秋旱。霜降勿降霜，四十二天雾荡荡。

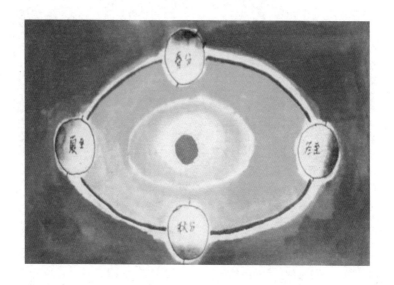

廿四节气《冬季》

立冬下雨一冬阴，立冬无雨一冬晴，

立冬发雾冬至雪。小雪无云，明年要旱。大雪无雪，河底干。冬至烂，晴过年；冬至日清光，晒死贤江。冬至月头卖被买牛；冬至月尾，卖牛买被；冬至月中，日风夜风。冬至响雷，雷赶雪。小寒、大寒不寒，要春霉（冬暖要春寒）。

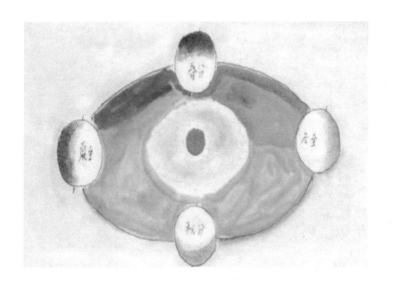

夏至日南风加南云，今年农业好收成。

夏至吹西南，高山变龙潭。

夏至吹西北，晒死山毛竹。

夏至双日双时辰，夏至雷；

单日单时辰十八日，夏至雨；

双日双时辰，夏至闹"九天"。

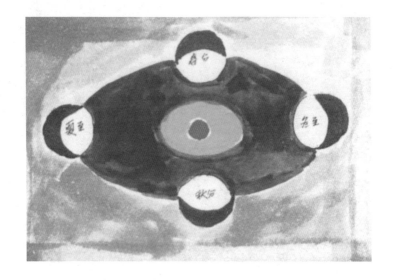

夏至响雷公，河底好种葱。

小暑一声雷，倒转做黄梅，塘底烧焦灰。

秋前北风秋后雨，秋后北风干到底。

冬至月中，日风夜风。

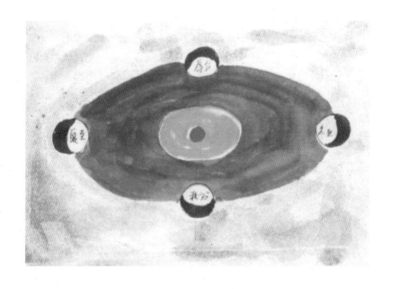

冬至有霜，腊月有望。

冬至无霜，稻臼无糠。

夜间无云彩，明晨有霜来。

立夏东风出三霉，立夏南风好晴天。

小暑南风十八天，晒得南山竹也干。

六月南风，河底枯。

南风发发，塘底刮刮。

南风南火洞，越吹越是红。

夏至数九歌

一九二九，扇子不离手。三九二十七，冰水甜如蜜。

四九三十六，争向露头缩。五九四十五，树头秋叶舞。

六九五十四，乘凉勿入寺。七九六十三，床头寻被单。

八九七十二，想到盖夹被。九九八十一，暑尽秋风起。

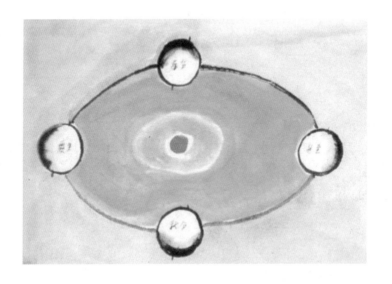

冬至数九歌

一九二九，泻水不走。三九廿七，檐前挂壁。

四九三十六，人在冰上宿。五九四十五，穷汉街头舞。

六九五十四，篱笆长青刺。七九六十三，寒衣棒头担。

八九七十二，黄狗拣阴地。九九八十一，犁耙一齐出。

六月秋抓紧收。七月秋慢慢收。

每年早稻成熟期一般都在大暑后、立秋前，也是台风活动的频繁时期。如若立秋在农历六月份，要抓紧抢收早稻，立秋在农历七月份则可缓慢收割。

冬天一日剥，三日缩。

在冷空气南下或冷锋到达以前，浙江省台州地区处在大
陆高压前部，盛吹南风，暖湿空气暂时活跃占优势。故
此，在强冷空气之前，都有短时间的偏南风或西南风。

四、对应胜负类

看图识天气

正月水漫塘，四月草头黄。

落尽三月桃花水，五月黄梅朝朝晴。

久晴必有久雨，久雨必有久晴。

八月十六云遮月，正月十五雨打灯。

早秋凉飕飕，晚秋晒死牛。

清廓冬至，邋遢过年；邋遢冬至，清廓过年。

冬天地上暖，天上孵雪卵。大寒不寒早春霉。

三九不冷看六九，六九不冷倒春寒。立冬发雾冬至雪。

冬雪一百廿，春雪六十日，必有雪籽要出现。

冬前勿结冰，冬后冻死人。晴一冬，烂一春。

燥冬天，烂冬脚；烂冬头，烂春脚。冬霜迟，春霜少；
冬霜早，春霜多。

冬前霜多来年旱，冬后霜多晚禾宜。大雪勿冻，惊蛰勿开。

十二月南风正月雪，正月南风二月雪，

二月南风三月雪，几日南风几日雪。

五、关键日类

看图识天气

关键日

正月初一打南风，十栏猪栏九栏空。

正月初一西北风，正月日日太阳红。

正月头八晴，可望好收成。

上八晴，人口平；二八晴，谷米平；三八晴，到清明。

正月二十晴，一株棉花百廿铃。

雨落正月廿，有麦没有面。三八晴，好年成。

正月雷雨雪，二月落勿歇；三月翻晒田，四月秧拔节。

雨打状元灯，四十二日勿会晴，晴晴落落到清明。

二月二头红，麦里幽大虫。二月二红一红，麦饼筒加筒。

二月初二好太阳，地里麻头一次长。

二月二晴，大麦小麦像鼓打。二月二阴，一遍锄头两遍清。

二月十九，冷冷落落。

三月三，落个斑，桑叶抵银板。三月三，梅儿苦烂斑。

三月三天气暖，立夏前雨水匀。

三月三寸打石头流，桑叶球加球。

三月三好咯勿咯，九月九好哑勿哑。

三月三三晴。养鸭变蜻蜓。

四月初一起西北，四十二天是北风。

四月初八晴，高山好种菱；四月初八落，低田晒死壳。

四月八日断雨娘，踏车戽水到重阳。

五月初一难得晴，端午常多雷雨阵。

五八大，瓜茄蒲菜满篱笆；五八小，瓜茄蒲菜是件宝。

五月十三磨刀雨。

五月十八无风暴，七月八月雨水少。五月南风连夜雨。

五月连山洒，溪里无鱼坑无蟹。

六月北风雨倾盆。六月初一落，往后带浪多。

六月初三落，塘底坼。六月初四落，岩晒刮（裂）。

六月响雷公，无水好栽葱。六月响闷雷，将有大雨来。

六月廿四雷公雨。

六月小，瓜茄菜似宝。

六月南云勿落雨，七月南云做大水。

六月尽，七月半，八月十六勿用算。

六月初一落雨杀根虫，五月初一落雨发根虫。

六月南风井底干。六月吹西风，晒死摇丝竹。

六月吹西南，高山变龙潭。

六月初一黄金雨。

六月的天，孩子的脸，说变就变。

七月初一发雾露，家家户户磨豆腐。

七日晴勿过夜，八日晴勿过界。

七月天，后娘脸，一天变几变。

七月秋凉起，八月冻木栖。

八月十六乌阴阴，正月十五雨打灯。

八月连门洒，晚稻用锯解（锯）。

八月雨碎毛，有米无柴烧。

八月十五云遮月，正月十五雪打灯。

八月十六晴，高山好种菱。八月十六落，低田晒起壳。

九月三三晴，要雨等清明。九月三三晴，养鸭变蜻蜓。

九月三三晴，稻草亭加亭。九月三三阴，日日雨渤渤。

九月九晴，钉靴老爷挂断绳。九月九落，钉靴老爷街上踱。

九月十四日雨娘。

十月十晴，撬皮鞋老婆要嫁人。

十月十落，撬皮鞋老婆吃鱼又吃肉。

十月十晴，大麦小麦像鼓钉。

十月箭，十月弓，梳头吃饭当一工。

十月十三晴，不要烂稻顶。

十一月廿四落，一个月雾浊浊。

十二月无风大暖天，六月无风叫皇天。

十二月地上作热，天上作雪。

十二月南风是暴娘，正月大雪白洋洋。

十二月南风正月雪，正月南风二月雪。

风暴期

正月十五元宵暴，打得正野暴少。

二月十九观音暴，阴雨关键月。

三月初三寒坑暴，寒坑龙下海拜岁。

四月廿九入霉暴，阴雨狂风。

五月十三彭祖暴，借东三日寒。

六月十九观音暴，台风关键月。

风暴期

七月半三官暴，雷雨冰雹。

八月初九海洋第一暴，冷空气开端。

九月九重阳暴，冷空气。

十月半、十月廿七七姑暴，冷空气开始。

十一月冬至棺材厂暴，强烈风猛。

十一月廿四太师落阳暴，廿七犁脚暴。

十二月廿四、廿七太师上洋暴。

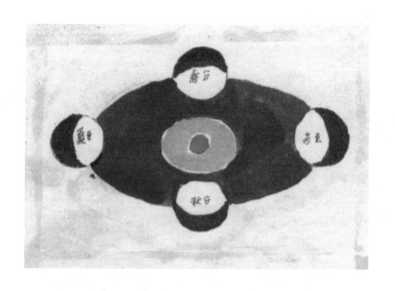

天文潮水定位（古历）

初一十五，鸡鸣涨（五更开涨）。

初三十八，午涨平（大水潮）。

初五二十，天光泽（早泽万泽）。

初八廿三，晚河平（全小水）。

初十廿五，早晚淹嘴（起水）。

十二廿七，平潮日出。

观海潮

初一、十五天明涨，己亥平。

初三、十八午涨平，大暑潮。

初五、二十天光泽，早泽晚泽。

初八、廿三晚霞平，小暑潮。

初十、廿五是起暑，早晚没嘴。

十二对廿七，潮平日头出；

十四、廿九，落海日头昼。廿九、十四进洞黑。

六、甲子类

看图识天气

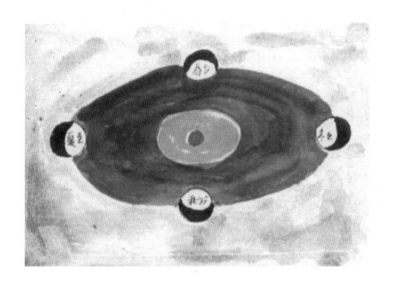

甲申要晴，庚庚要雨。

丁巳晴，两月晴。

甲午乙未，翻天覆地。

春甲子雨，秧烂麦死。

乙丑丙寅，依旧好麦好年成。

壬戌癸亥，平地作海。

久晴逢戊晴，久雨望庚晴。

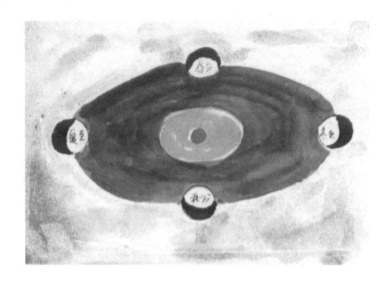

久雨不晴，但看丙丁；久晴不雨，但看戊己。

春雨甲申，菜麦无根；夏雨甲申，勿动车轮；

秋雨甲申，稻象麻筋；冬雨甲申，太阳纷纷。

夏至酉逢三伏热，重阳戊遇一冬晴。

雨打鸡鸣丑，雨伞勿离手；雨打黄昏戌，天亮日头出。

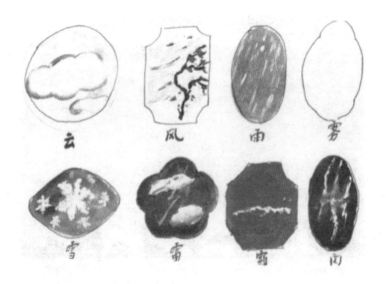

路桥区金清气象哨常见天气现象

云	南云　阵雨云　台风云　雷云
风	微风　大风　飑风　龙卷风　台风　暴风
雨	大雨　大暴雨　毛毛雨　阵雨　雷雨　梅雨
雾	入土雾　拦腰雾　大雾　淡雾
雪	雪籽　雪花　大雪　暴雪　雪冻　冰雹
雷	春雷　秋雷　直雷　横雷　大雷　大打
霜	霜水　轻霜　白霜　大白霜　霜冻
闪	南闪　北闪　西南闪　东南闪　海闪　西北闪

降雨量计算（毫米）

0～1	短时间阵雨或者毛毛雨
1～3	水泥地有积水（古云，十路穴横界）
3～5	燥田洼面向沟内流水
5～10	稻田——浦田水（10厘米）农民讲"过境雨"
10～30	中等雨量，稻田可受，三天不用灌溉
30～100	田间要大排放
100以上	打开闸门，排涝抗洪

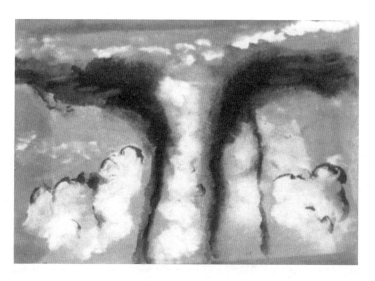

风力划分

0～1级	树叶不动，卤烟直上
2级	人面稍有感觉，旗有飘动，庄稼叶有动
3级	能吹地面灰尘、纸碎，小树枝有弯动
4级	人体感觉很舒服
5级	有叶的小树摇摆，河面起微波
6级	大树枝摇动，电线有响声，行路撑伞有阻
7级	大树枝弯动，对面行走有大阻力
8级	折断部分树枝，对风行走困难
9级	草房受破坏，瓦片起飞
10级	大树吹倒或连根拔掉
11级	一般的建筑物可吹倒，树连根拔掉，电杆折断
12级	破坏力极大，海塘倒、厂房飞

台风划分等级

热带低压	风力 6 ~ 7 级	风速 10.8 ~ 17.1 米 / 秒
热带风暴	风力 8 ~ 9 级	风速 17.2 ~ 24.4 米 / 秒
强热带风暴	风力 10 ~ 11 级	风速 24.5 ~ 32.6 米 / 秒
台风	风力 12 ~ 13 级	风速 32.7 ~ 41.4 米 / 秒
强台风	风力 14 ~ 15 级	风速 41.5 ~ 50.9 米 / 秒
超强台风	风力 16 ~ 17 级	风速 51 ~ 61.2 米 / 秒

后 记

　　农民气象专家林志尧从 1964 年开始，研究气象近五十年，是气象战线上的一棵"不老青松"。五十年来，早上 8 点，下午 2 点，晚上 8 点，一天三次雷打不动地观察记录，就像"一日三餐"，成了他生活的重点。1972 年，他因为成功预测了美国总统尼克松来杭州的天气，受到了周恩来总理的接见。在长期的气象工作中，他时时刻刻关注天气变化，认认真真收集各种气象资料，多方走访老渔民、老闸工、老船工，每天用黄、黑、蓝、红四色旗子，向乡亲们预报风、雨、阴、晴。光记录着每天的温度、湿度、风力、雨量等常规气象数据就装满好几个箱子，并收集、琢磨整理了 500 多条民间气象谚语，像"东方架起猪头云，台风要来临"、"天上豆芽去，地下晒死人"、"上午阵雨云，下午晒死人"等气象谚语被制作成挂图 120 余幅。2009 年，因为编辑气象谚语，林志尧成为第三批浙江省非物质文化遗产项目代表性传承人。我们把林志尧的气象图片整理出版，就是为了使这些宝贵的资料能够传承下去，让子子孙孙享用。

　　本书在编撰出版过程中，承蒙台州市气象局葛小清局长作序，路桥区气象局周剑能局长审稿，在此深表谢意。同时，感谢台州市气象局陈宏义副局长对林志尧气象工作的关心与支持。另外，感谢为林志尧提供天气谚语的老渔民、老闸工、老船工以及为本书配画的同志所作出的辛勤劳动。

　　《看图识天气》一书从文字走向字画结合，提高了观赏性和阅读性，成了一本很好的有特色的科普读物。

路桥区科学技术协会

2013 年 7 月